SOCIÉTÉ D'ENCOURAGEMENT
POUR L'INDUSTRIE NATIONALE,
fondée en 1801,
RECONNUE COMME ÉTABLISSEMENT D'UTILITÉ PUBLIQUE PAR ORDONNANCE
DU 21 AVRIL 1824,
RUE SAINT-GERMAIN-DES-PRÉS, 14, A PARIS.

RAPPORT

FAIT PAR M. JACQUELAIN,

AU NOM DU COMITÉ DES ARTS CHIMIQUES,

SUR UN

PROCÉDÉ DE FABRICATION DES BOUGIES STÉARIQUES

DE MM. JAILLON, MOINIER ET COMP.,

à la Villette, près Paris.

Votre comité des arts chimiques ayant été chargé d'examiner les bougies de la fabrique de MM. *Jaillon, Moinier* et comp., je viens vous rendre compte des investigations attentives auxquelles je me suis livré en son nom, soit pour connaître les progrès que ces fabricants auraient introduits dans cette industrie, soit pour constater l'emploi journalier du gaz sulfureux et les avantages qui peuvent en résulter.

Cette tâche, qui m'a été confiée par votre comité, devenait difficile à remplir, parce que des hommes très-compétents avaient nié l'efficacité du gaz sulfureux ainsi que la continuité de son emploi dans l'usine de MM. *Jaillon, Moinier* et comp.

J'ajouterai que, pour recueillir tous les documents consignés dans ce rap-

port, votre rapporteur a consacré dix séances de quatorze heures d'un travail consécutif et d'une surveillance scrupuleuse dans l'usine de MM. *Jaillon*, *Moinier* et comp.

Enfin je dois dire qu'il m'eût été impossible d'atteindre à la hauteur du travail que votre comité a l'honneur de vous présenter, si les fabricants que je viens de citer n'eussent mis à mon entière disposition les ouvriers, les appareils, les renseignements minutieux de leur fabrication, ainsi que leur comptabilité.

On comprendra facilement, d'après ce qui précède, que j'ai dû m'appliquer essentiellement à exécuter d'abord deux expériences comparatives, ayant pour objet de décider si le gaz sulfureux intervenait d'une manière utile dans le phénomène de la saponification, et, par suite, s'il amenait des changements heureux soit dans le poids, soit dans la qualité des acides gras obtenus.

J'exposerai donc, sous forme de tableaux, les résultats des opérations entreprises à l'usine de la Villette, avant de décrire la fabrication telle que la pratiquent MM. *Jaillon*, *Moinier* et comp.

La quantité de matière grasse traitée soit pour la saponification par l'acide sulfureux et la chaux, soit pour la saponification par la chaux seulement, était de 500 kilog. pris sur le même suif pour chaque expérience.

Dans les deux cas, la durée des mêmes temps d'opération a été la même; le poids de toutes les matières premières employées n'a varié qu'à l'égard de l'acide sulfurique, dont la proportion est moindre dans le procédé *Jaillon*, *Moinier* et comp. Des échantillons analogues ont été prélevés aux mêmes temps d'opération. La surveillance des cuves s'est faite sans interruption, et, lorsque les circonstances me forçaient à renvoyer la suite d'une opération au lendemain, on posait les scellés sur les vases préalablement couverts et fortement reliés avec de la grosse ficelle, puis on gardait le cachet jusqu'au jour convenu, pour continuer l'opération.

Tableau comparé de la saponification du suif par le procédé Jaillon, Moinier, *et par l'ancien procédé.*

Expérience n° 1.

Pour la fusion. { Suif de la boucherie de Paris composé de suifs de mouton, de veau et de bœuf. . . . . . . 500 kil.
Eau. . . . . 75 }

Une heure d'injection de gaz sulfureux par deux appareils chargés ensemble avec du charbon de bois, plus de l'acide sulfurique à 66°. . 10 kil.

Chaux. . . . . 75 kil.

Eau pour l'extinction. . . . . 400 lit.

Acide sulfurique du commerce à 53° Baumé pour la décomposition. . . . 170 k. = 120,6 SO^3, HO.

Durée de la saponification. . . . . 8 heures.

Durée de la décomposition du savon calcaire. 2 h. 1/2

Durée des deux lavages effectués sur les acides gras. . . . . 2 heures.

Poids total des acides gras obtenus. 484 k. = 96,8 pour 100.

Expérience n° 2.

Pour la fusion. { Suif. . . . . 500 kil.
Eau. . . . . 75 }

Chaux. . . . . 75 kil.

Eau. 400 lit.

Acide sulfurique à 53° Baumé pour la décomposition. . . . . 190 k. = 134 k. SO^3, HO.

Durée de la saponification. . . . . 8 heures.

Durée de la décomposition du savon calcaire. 2 h. 1/2.

Durée des deux lavages effectués sur les acides gras. . . . . 2 heures.

Poids total des acides gras obtenus. 461,6 k. = 92,32 pour 100.

Expérience n° 3.

Pour la fusion. { Suif de la boucherie de Paris composé de suifs de mouton, de veau et de bœuf. . . . . . . 500 kil.
Eau. . . . . 75 }

Une heure d'injection de gaz sulfureux par deux appareils chargés ensemble avec du charbon de bois, plus de l'acide sulfurique à 66°. . 10 kil.

Chaux. 71

Eau pour l'extinction. . . . . 400 lit.

Acide sulfurique du commerce à 53° Baumé pour la décomposition. . . . 170 k. = 120,6 SO^3, HO.

Durée de la saponification. . . . . 8 heures.

Durée de la décomposition du savon calcaire. 2 h. 1/2.

Durée des deux lavages effectués sur les acides gras. . . . . 2 heures.

Poids total des acides gras obtenus. 484 k. = 96,8 pour 100.

Expérience n° 4.

Pour la fusion. { Suif. . . . . 500 kil.
Eau. . . . . 75 }

Chaux. . . . . 71 kil.

Eau. 400 lit.

Acide sulfurique à 53° purifié par l'acide sulfureux. . . . . 190 k. = 134 k. SO^3, HO.

Durée de la saponification. . . . . 8 heures.

Durée de la décomposition du savon calcaire. 2 h. 1/2.

Durée des deux lavages effectués sur les acides gras. . . . . 2 heures.

Poids total des acides gras obtenus. 489 k. = 97,8 pour 100.

L'acide gras obtenu dans l'expérience n° 4 ayant été soumis à la presse à froid, puis à la presse à chaud, nous avons recueilli et pesé l'acide stéarique de la presse à froid, recueilli, pesé, enfin analysé l'acide écoulé de la presse à chaud, et après avoir séparé, au laboratoire, l'acide oléique renfermé dans le produit écoulé pendant cette seconde pression, nous avons constaté que le mélange d'acide gras de l'expérience n° 4 contenait 62,01 acides stéarique et margarique, plus 37,99 acide oléique.

Ainsi les quantités d'acide gras obtenues dans ces trois opérations s'élèvent, par le procédé *Moinier,* à 96,8 pour 100 de suif employé, tandis qu'on arrive seulement à la proportion de 92,3 pour 100 par l'ancien procédé.

Les deux opérations par l'acide sulfureux nous offrent une concordance remarquable, puisqu'elles s'accordent entre elles à deux millièmes près; comme on le voit, c'est pousser l'exactitude aussi loin que pour des expériences de précision exécutées en petit dans un laboratoire.

Ce résultat, qui devient aujourd'hui pour l'industrie des bougies stéariques et pour la France un progrès de très-haute importance, MM. *Jaillon* et *Moinier* le réalisent journellement et sans le moindre embarras, depuis qu'ils ont introduit le gaz sulfureux pendant la fusion du suif et jusqu'à son entière saponification.

Un fait aussi considérable, dont la découverte pratique appartient tout entière à MM. *Moinier* et *Boutigny,* méritait bien de fixer l'attention de votre rapporteur. En effet, la théorie des réactions précédentes étant connue, elle devait inévitablement me conduire à expliquer les pertes faites jusqu'ici, par cette industrie qui n'a jamais retiré, de 100 kilog. de suif, plus de 92 kilog. d'acides gras, tandis que les belles expériences de M. *Chevreul* s'accordent pour en extraire 96,5, chiffre très-approché des deux expériences en grand qui m'ont donné 96,8, résultat de fabrication courante également obtenu par M. *Moinier.* . . . .

Dans l'état actuel de nos connaissances, il n'y avait qu'un très-petit nombre d'hypothèses à faire sur le mode d'action probable de l'acide sulfureux, soit en présence de la vapeur d'eau et du suif maintenu en fusion à 100° centig., soit en présence de la vapeur d'eau, du suif et du lait de chaux, le tout porté à la température de 100° centig. La première de ces deux réactions se prolonge pendant une heure, et la seconde pendant deux heures au moins; c'est par ces deux temps d'opérations que le procédé de MM. *Moinier* et *Boutigny,* d'Évreux, se distingue, en effet, de l'ancien procédé.

Il est bien démontré, aujourd'hui, que la saponification du suif peut s'effectuer indifféremment par le concours des bases ou par celui des acides.

D'autre part, nous savons aussi que, dans certains cas, l'acide sulfureux jouit de la propriété singulière de convertir l'oléine en élaïdine. Il ne serait donc pas absolument invraisemblable d'attribuer cette double influence au gaz sulfureux, pendant la première heure de son dégagement. Mais son rôle change nécessairement aussitôt que l'on fait intervenir le lait de chaux, et dans ce cas il doit en résulter simplement du sulfite et du carbonate de chaux, car il ne faut pas oublier que ce gaz se prépare, chez M. *Moinier,* par l'acide sulfurique et le charbon de bois. Il suit de là qu'à la fin de la saponification l'on a dans la cuve, après l'écoulement des eaux glycériques, des stéarate, margarate, oléate de chaux, plus du sulfite et du carbonate de chaux que M. *Moinier* décompose avec une proportion d'acide sulfurique inférieure d'un huitième à celle employée dans l'ancien procédé.

Ces considérations théoriques, plus ou moins satisfaisantes au premier abord, m'ont paru, je dois le dire, tout à fait impuissantes à expliquer la perte de 5 pour 100 d'acides gras par l'ancien procédé. Cette perte provenait-elle d'une saponification incomplète, ou bien de la destruction d'une certaine quantité d'acides gras modifiés et convertis en composés plus solubles dans l'eau, que les acides oléique, margarique et stéarique?

La question étant posée en ces termes, voici l'expérience imaginée par votre rapporteur pour arriver à la solution du problème :

On a recommencé une quatrième saponification par l'ancien système, en suivant rigoureusement le même dosage pour le suif, l'eau, la chaux et l'acide sulfurique; seulement, au lieu d'employer de l'acide sulfurique ordinaire à 66°, comme le conseille M. Dumas (6e vol., p. 677 de son *Traité de chimie*), au lieu d'employer de l'acide sulfurique tel qu'il sort des chambres, ainsi que le recommande M. *Payen* (dans son *Précis de chimie industrielle,* p. 756), on a d'abord purifié cet acide à 53°, de l'acide azotique qu'il contenait, en lui faisant absorber, vers 90° centig., une quantité suffisante de gaz sulfureux. On sait, d'ailleurs, que l'acide sulfurique à 53° renferme beaucoup plus d'acide azotique que l'acide sulfurique à 66°, puisque la concentration a pour effet d'en expulser des proportions notables. D'après l'analyse que nous avons faite d'un acide sulfurique à 53°, nous lui avons trouvé la composition suivante :

SO^3	55
AzO^5	12,5
HO	32,5
	100,0

Toutes les autres conditions de la saponification et de la décomposition du savon calcaire restant les mêmes que dans l'expérience n° 2, on a recueilli alors 489 kilog. d'acides gras, c'est-à-dire 97,8 pour 100. Tout s'explique en face d'un pareil résultat. Ainsi, dans le procédé *Moinier* et *Boutigny,* les stéarates, margarates, oléates, et le sulfite de chaux, en contact avec l'acide sulfurique à 53° affaibli, se décomposent; l'acide sulfureux, devenu libre, détruit les acides azotique et hypoazotique, et, par suite, préserve les acides gras de l'altération profonde que leur font éprouver les acides de l'azote, surtout à la température de 100°.

Le courant de gaz sulfureux, pendant la saponification, n'a d'autre utilité, comme on le voit clairement, que celle d'opérer la destruction des acides azotés contenus dans l'acide sulfurique ordinaire, marquant 53° Baumé. Maintenant, j'ajouterai qu'il sera préférable, désormais, de recourir à l'emploi de cet acide traité préalablement par un courant de gaz sulfureux.

En effet, lorsque des masses de savon calcaire sont en présence de l'acide sulfurique non purifié qui doit les décomposer, la réaction ne saurait être instantanée sur tous les points du corps solide; par conséquent, les premières portions d'acides gras mis en liberté rencontrent l'acide sulfurique en excès et se détériorent bien avant que tout l'acide sulfureux n'ait eu le temps de se produire et de réagir sur la totalité des acides azotés.

Aussi les acides gras bruts obtenus dans l'expérience n° 4 sont-ils moins colorés que ceux obtenus soit par l'ancien procédé, soit par le procédé *Moinier* et *Boutigny*.

Tous ces inconvénients sont évités avec l'acide sulfurique purifié; le sulfite de chaux alors n'étant plus nécessaire, on économisera et la chaux du sulfite et l'acide sulfurique destiné à décomposer ce dernier.

Les réflexions de votre rapporteur et les expériences précédentes qui les ont fait naître ont paru si concluantes à MM. *Moinier, Jaillon* et comp., qu'ils se sont décidés à prendre immédiatement un brevet d'addition pour l'emploi de l'acide sulfurique purifié, dans la fabrication des bougies stéariques, par saponification. Ils ont même poussé la délicatesse jusqu'à mentionner, dans ce brevet, qu'ils étaient redevables de cette idée au rapporteur de votre comité.

Ainsi, contrairement à l'opinion à laquelle j'ai fait allusion au commencement de ce rapport, non-seulement le gaz sulfureux continue d'être employé dans l'usine de MM. *Jaillon, Moinier* et comp., mais son efficacité ne saurait être contestée, puisqu'elle réalise un surcroît de rendement qui s'élève à 5 pour 100 des acides gras, ce qui porte l'acide stéarique obtenu à 50 parties pour 100 de suif.

Les principaux temps de la fabrication des bougies, telle qu'elle se pratique chez M. *Moinier*, ne diffèrent de ceux généralement connus que par quelques détails d'exécution dont l'économie et l'heureuse invention font toujours le succès des grandes industries.

Nous donnerons, par conséquent, une description très-succincte de cette fabrication, nous réservant d'insister sur les faits dignes d'attirer l'attention de la Société.

Dans un vaste bassin rectangulaire de 10 mètres cubes, construit en briques rejointées par du ciment romain, l'on introduit 2,000 kilog. de suif et 400 litres d'eau; puis, à la faveur d'un large tube en plomb, criblé de trous sur la portion qui serpente au fond de ce bassin, on détermine d'abord la fusion du suif, et ensuite l'ébullition de l'eau primitive pendant une heure, en présence d'un rapide courant d'acide sulfureux, préparé au moyen de l'acide sulfurique et du charbon de bois en morceaux. Au bout de ce temps, on ajoute peu à peu du lait de chaux composé de 300 kilog. de chaux vive et 1,600 litres d'eau.

Le mélange, d'abord lactescent, acquiert bientôt plus de consistance ; il devient ensuite écumeux et très-visqueux, au point qu'il faut, dès ce moment, agiter constamment avec un mouveron, afin de maîtriser l'ébullition et de prévenir le boursouflement de la matière savonneuse. A ces différents aspects succède l'état pâteux du savon calcaire, puis l'agglomération en petites masses nodulaires. Trois heures environ suffisent à l'accomplissement de tous ces phénomènes; alors on supprime le courant d'acide sulfureux, et l'on continue l'injection de la vapeur jusqu'à ce que tous les petits fragments de savon, devenus très-durs, présentent une cassure homogène et grenue. La durée d'une bonne saponification est toujours de huit heures au maximum.

Arrivé à ce terme, on fait écouler l'eau glycérique par des caniveaux dont la pente conduit à un très-grand bassin de repos, creusé dans le sol, hors des ateliers.

On arrose le savon calcaire avec 600 kilog. d'acide sulfurique à 53° Baumé, préalablement délayé dans 240 lit. d'eau; on injecte modérément la vapeur pour ne pas trop affaiblir l'acide précédent, et l'on agite vivement afin de bien diviser le savon et d'en commencer la décomposition sur tous les points, avant que le jet de vapeur n'ait déterminé dans la masse liquide une ébullition tumultueuse. En trois heures, la décomposition du savon étant complète, on abandonne au repos pendant deux ou trois heures ; le sulfate de chaux pulvérulent se dépose, tandis que les acides gras surnagent la solution de sulfate acide de chaux.

Pour débarrasser les acides gras d'un peu de sulfate de chaux, on les transvase au moyen de cassins et de caniveaux dans une première cuve en bois doublé de plomb, légèrement conique, d'une capacité de 15 mètres cubes, et contenant une hauteur de 20 centimètres d'eau sulfurique à 4 ou 5° de l'aréomètre Baumé. Là un tube de plomb courbé en spirale, destiné à une simple circulation de la vapeur d'eau, porte, en deux heures, l'eau sulfurique à la température de 100°. Un second tube injecte ensuite de la vapeur pendant quarante minutes pour obtenir un brassage plus complet de l'eau avec les acides gras.

Après quatre heures de repos, une pompe hydrobalistique à levier coudé, commandée par l'intermédiaire de poulies fixes et folles, détermine l'ascension des acides gras dans un siphon à demeure, qui les déverse dans une seconde cuve où doit s'effectuer un premier lavage à l'eau, en tout semblable au précédent.

Enfin les acides gras passent, comme précédemment, de la deuxième cuve dans une troisième pour y subir un second lavage à l'eau ; après le repos, une pompe les reprend et les transporte dans un auget en bois doublé de plomb, dont le fond porte, de distance en distance, des tubes en plomb bouchés en dedans par de longues chevilles en bois. C'est par ces divers tubes que les acides gras s'écoulent et vont remplir la rangée supérieure des mouleaux rectangulaires en tôle (émaillée ou non émaillée) qui se trouvent étagés parallèlement sur les tringles d'un très-grand châssis. Or, comme chaque moule est symétriquement percé de trois trous placés à la même hauteur sur une face transversale, il s'ensuit que la rangée supérieure déverse, par ces trop-pleins, sur la seconde, celle-ci sur la troisième, et ainsi de suite, jusqu'à la plus voisine du sol. Il est bien entendu que, pour effectuer ce travail sans embarras, l'ouvrier doit prendre la précaution de faire avancer la rangée de mouleaux qui reçoit l'acide gras de la supérieure, et de placer alternativement devant et derrière chaque rangée de trop-pleins.

Douze heures après le refroidissement des acides gras, en hiver, et vingt-quatre heures après, en été, les pains sont introduits dans un sac de laine en tissu-malfil, et disposés, au nombre de deux cent vingt-quatre, sur le plateau d'une presse hydraulique ordinaire. Pour régulariser l'affaissement des pains, on interpose, de distance en distance, cinquante-huit plaques de tôle.

Le chargement, la pression et le déchargement exigent trois heures. Ainsi l'acide oléique s'écoule à froid dans un réservoir, d'où une pompe le remonte et le conduit, par des tuyaux, dans l'atelier à filtration, sur des filtres en tissu de laine dit *malfil* fixés au-dessus des chaudières en tôle ou de cuves en bois ; l'acide stéarique recueilli rentre dans la cuve de lavage à l'eau sulfurique, tandis que l'acide oléique est mis en barriques ou converti en savon de soude.

En général, on évite avec soin le refroidissement trop brusque des acides gras, car il en résulte alors une cristallisation confuse, qui exige pour l'écoulement de l'acide oléique une pression très-forte et très-longtemps prolongée; au contraire, le suintement de l'acide oléique devient facile quand la cristallisation lente fait naître des groupes de cristaux aiguillés.

Au sortir de la presse à froid, les pains sont mis en tas, placés un à un entre deux nattes de crins ou étreindelles, enfin disposés dans la bâche d'une presse horizontale entre deux plaques de fonte chauffées par la vapeur. Pendant l'émission de la vapeur qui doit échauffer les plaques dans la bâche, on recouvre celle-ci d'une couverture huilée ; dès que la température est portée à 70°, on exécute le chargement ; alors la température redescend lentement à 45° centig., et après la pression elle s'abaisse jusqu'à 35° et 30° cent.

Cette pression à chaud, qui dure une heure, y compris le chargement et le déchargement, fournit de l'acide oléique très-riche en acides stéarique et margarique; aussi le produit qui s'écoule pendant la pression est-il ramené dans une cuve spéciale, d'où il repasse dans celle à l'eau sulfurique, pour subir, avec les acides gras neufs, les trois lavages déjà mentionnés. Quant à l'acide stéarique, il passe entre les mains d'ouvrières, qui en opèrent très-habilement le triage en trois qualités, l'extra, la première, la seconde, d'après le plus ou moins de blancheur et de translucidité.

Après le triage, l'acide stéarique arrive à l'atelier de purification, dans lequel on trouve, sur deux rangées, dix petites cuves en bois de la contenance de 1,000 kilog., munies de serpentins en plomb pour la circulation de la vapeur d'eau sans injection. Quatre couples de ces cuves sont réservés pour le traitement de quatre qualités d'acide stéarique, telles que l'extra, la première, la seconde et la troisième. Deux autres cuves sont ensuite destinées, l'une à la fonte des résidus, l'autre à la fonte des culots.

Quelle que soit la qualité de l'acide stéarique à purifier, on introduit d'abord, dans une des cuves, 15 centimètres de hauteur d'eau sulfurique, marquant 2 à 3° Baumé, puis l'acide stéarique; on porte l'eau acide à l'ébullition pendant une heure, on laisse déposer une demi-heure; ensuite, au moyen d'un poêlon en fer étamé, on transvase l'acide stéarique dans la première cuve à clarification contenant préalablement une hauteur de 10 centimètres d'eau pure. Dès que celle-ci est parvenue à l'ébullition, on ajoute, pour 1,000 kilog. d'acide stéarique, vingt-deux blancs d'œufs battus avec un peu d'eau; le mouvement tumultueux dû à l'ébullition dissémine l'albumine dans toute la masse d'acide stéarique; l'albumine étant coagulée, on laisse refroidir, ce qui permet aux corps plus lourds que l'eau de tomber au fond de la cuve, tandis que l'albumine surnage l'acide stéarique devenu limpide. On rassemble ensuite les écumes sur un plateau à rebords, et l'on transporte l'acide stéarique, à l'aide de seaux à bec, qui séjournent constamment dans l'atelier du coulage en bougies.

A mesure que l'on apporte ainsi l'acide stéarique, deux femmes, l'une chargée de l'extra et de la première qualité, l'autre chargée de la seconde et de la troisième (1), agitent circulairement l'acide gras avec un mouveron dans le but d'éviter la formation des grumeaux et de le refroidir lentement à 40°, pendant que les moules placés dans une étuve sont réchauffés d'autre

(1) Lorsqu'il s'agit de fabriquer la bougie de 3e qualité, numéro dont l'usage a été introduit par la maison *Jaillon, Moinier* et comp., on presse un peu moins fortement les pains. L'acide stéarique est un peu moins blanc, et l'acide oléique qui le colore se vend alors au taux de l'acide stéarique.

part jusqu'à 50° centig. par le rayonnement de gros tuyaux en fonte où circulent, à la fois, la vapeur perdue et l'eau chaude de condensation.

En troublant ainsi la cristallisation de l'acide stéarique, on se propose évidemment de lui communiquer plus d'homogénéité, plus de résistance au choc et plus de blancheur. Comme il importe aussi de couler rigoureusement à 40° centig., on s'arrange pour que les moules soient toujours prêts en nombre plus que suffisant, avec leurs mèches sous-tendues, les rondelles alignées et bien encaissées dans leurs gorges. Les mèches adoptées chez MM. *Jaillon, Moinier* et comp. sont de soixante-quinze brins pour trois nattes; on les plonge pendant vingt-quatre heures dans une solution d'acide borique à 50° centig. et marquant 2°,5 à l'aréomètre Baumé, puis on les égoutte rapidement et on les maintient en dessiccation dans une étuve jusqu'au moment de les enrouler sur un fuseau et de les introduire dans les moules.

Afin d'alléger le travail et de précipiter la manœuvre, les moules, au nombre de trois, chacun de 39 bougies = 117, sont portés par un chariot roulant sur un chemin de fer.

Chaque moule de trente-neuf bougies se termine par un évasement pyramidal à quatre pans, de 4c,5 de hauteur. Cette base, sur laquelle se vissent tous les moules à bougies et à laquelle on donne le nom de porte-moule, est destinée à contenir une quantité suffisante d'acide stéarique pour que le poids de la matière et la lenteur de son refroidissement s'opposent au moulage en creux de quelques bougies.

L'alliage des porte-moules et des moules se compose de 2/3 étain et 1/3 de plomb.

Aussitôt après le coulage, on pose les poignées et les diviseurs; ces espèces de brides et ces petites plaques rectangulaires en fer étamé permettent, après le refroidissement complet de l'acide stéarique, de soulever, par tiers, la masselotte, et de dépoter plus facilement les bougies. Les diverses qualités se reconnaissent par la position conventionnelle que l'on donne aux poignées. Le refroidissement étant terminé, un enfant retire les petites pièces en fil de fer qui tiennent la mèche sous-tendue au sommet de chaque bougie, puis il coupe l'excédant de la mèche. On démoule ensuite les bougies, on les transporte sur des tables à rebords matelassées pour détacher les culots et séparer les rondelles en découpant le pied de chaque bougie avec un couteau. On retire celles qui se sont brisées dans le moule en les piquant avec un petit crochet et faisant levier, ou bien en les poussant avec une alêne mousse que l'on enfonce d'un petit coup de maillet dans le sommet du moule. Le refroidissement dans les moules exige quatre heures environ. A mesure que les bougies sont détachées des rondelles, on les dépose sur un plan incliné, d'où elles tombent sur une toile sans fin tendue de distance en distance par des baguettes, et qui les monte à l'étendage à ciel ouvert. A cet effet, on les glisse verticalement à travers les mailles de deux toiles métalliques en fil de plomb, parallèles, tendues par un châssis à pied. Le réseau de la toile inférieure doit être plus serré que celui de la toile supérieure; là elles subissent un blanchiment plus ou moins prolongé, suivant la saison, sous l'influence alternative des rayons solaires et de la rosée.

De l'étendage, les bougies passent dans un autre atelier pour être rognées par une scie circulaire munie d'un plan incliné, de deux roues à circonférence cannelée et d'un régulateur en arc de cercle, pour donner aux bougies la longueur voulue. Elles sont ensuite plongées et frottées dans une eau légèrement alcaline (solution de carbonate de potasse marquant 1° Baumé), rincées à l'eau ordinaire, frottées de nouveau avec un linge, puis essuyées avec une toile fine et soumises à l'action d'une polisseuse mécanique qui les frotte longitudinalement entre deux surfaces de flanelle; après quatorze rotations sur elles-mêmes, elles accomplissent leur translation sur la table de la polisseuse. Les bougies dont le polissage n'a pas réussi, ce qui arrive rarement, sont repolies à la main avec une flanelle. Celles qui présentent des nuances accidentelles sont triées et assorties, afin que la bougie d'un même paquet soit uniforme. Reste ensuite à former les paquets de 500 grammes, à les revêtir de manchettes et d'un des étuis, à mettre la dernière enveloppe et l'étiquette, à composer enfin les gros paquets et les caisses d'expédition.

Afin de ne pas interrompre la description que vous venez d'entendre, nous avons omis les détails secondaires relatifs à l'emploi des résidus. Ces renseignements trouvent maintenant leur place et méritent d'être mentionnés, d'autant plus que le travail bien entendu de ces matières réalise une partie des bénéfices de cette industrie.

On se rappelle qu'après la décomposition du savon de chaux et le soutirage des acides gras il reste dans la cuve une eau sulfurique surnageant un dépôt de sulfate de chaux. Cette eau sulfurique et le sulfate sont donc réunis dans des cuves légèrement coniques et d'un orifice assez étroit pour que le restant des acides gras s'accumule et se fige à la surface; alors on les recueille pour les porter dans la cuve au lavage des acides neufs. L'eau sulfurique, ainsi purifiée, repasse dans une autre décomposition de savon calcaire, ce qui économise ainsi, pour chaque opération, une certaine quantité d'eau sulfurique à 53°.

Quant à la boue de sulfate de chaux, on la porte à égoutter dans une grande fosse, d'où l'on retire encore des acides gras qui surnagent, en partie, l'eau acide. On délaye ensuite plusieurs fois le sulfate de chaux avec de l'eau froide dans de petits tonneaux, et l'on finit par recueillir la totalité des acides gras sous la forme d'une matière spongieuse et grisâtre qui surnage. Au sujet du lavage des acides gras dont nous avons parlé, nous ajouterons que tous les huit jours, l'eau des trois cuves de lavage étant trop chargée de sulfate acide de chaux, on la remplace par de l'eau froide, qui fige la couche d'acides gras brunis inférieurement par des corps charbonneux que l'on avait pris soin d'éviter dans le travail journalier du soutirage. On gratte ensuite le dessous des acides gras solidifiés, on reporte ces derniers dans la cuve du lavage à l'acide sulfurique, tandis que les grattures noires, ainsi que les matières grisâtres citées plus haut et les balayures des ateliers, sont purifiées à part dans l'atelier de repassage, d'abord à l'eau sulfurique, puis à l'eau, de manière à obtenir, en définitive, des matières grasses de blancheur variable qui reviennent à leur tour dans la cuve aux acides neufs, et une matière légèrement graisseuse et charbonnée qui se vend aux entrepreneurs de sulfate acide de chaux boueux.

Le même système d'épurations s'emploie dans l'atelier de purification.

Ainsi, comme il est impossible d'enlever tout l'acide stéarique des cuves à purifier et à clarifier, sans entraîner des corps étrangers nuisibles à la pureté des bougies, la couche d'acide stéarique restée dans la première cuve est refondue avec de nouvelles matières; la couche de la deuxième cuve reçoit les culots des bougies avec lesquels vient se mêler tout l'acide stéarique précédemment épuré à l'eau faiblement sulfurique. Lorsque l'acide stéarique est souillé d'un peu de sesquioxyde de fer, on ajoute, dans la cuve à clarifier, 400 grammes environ d'acide oxalique pour 1,000 kilog. d'acides gras; mais cette circonstance se présente au plus dix fois dans l'année.

Après huit ou dix épurations, l'eau que surnage la faible couche d'acide stéarique se trouvant trop chargée de matières charbonneuses, on la fait écouler, on amène de l'eau froide pour figer l'acide stéarique, on gratte le dessous pour enlever les matières noires, et l'on reporte l'acide gras, ainsi nettoyé, dans la cuve d'où il provenait.

D'un autre côté, les écumes albumineuses, réunies aux grattures noires et aux mèches des bougies cassées ou rognées, sortent de l'atelier pour subir le repassage, et se dédoubler en acide stéarique retournant à la grande cuve d'acides gras neufs, et en corps gras charbonné qui se vend comme nous l'avons dit plus haut.

En résumé, les bougies cassées, les rognures et les culots de chaque qualité ne sortent pas de l'atelier à raffinage, tandis que les raclures et résidus noirs vont à l'atelier de repassage; les mèches, égouttées au sortir de cet atelier, sont ensuite réunies aux rognures de papier, aux bouts de ficelle, aux bouts de mèches coupées avant le démoulage, et vendues aux papeteries.

Maintenant, les liqueurs de lavage à l'eau sulfurique de tous les ateliers sont dirigées, par un conduit souterrain, dans un réservoir, d'où une pompe les rejette dans un grand bassin, tandis que les acides gras qui se figent à la surface du liquide où plonge le tuyau d'aspiration de la pompe sont recueillis et portés à leur tour dans la cuve aux acides gras neufs.

Tels sont les détails les plus circonstanciés qu'il m'a été permis de recueillir sur la fabrication des bougies stéariques par le procédé de MM. *Jaillon, Moinier* et comp.

Votre rapporteur ajoute, à la description qu'il vient d'en faire, le tableau de la main-d'œuvre par vingt-quatre heures; le tableau de l'emploi des appareils, ainsi que celui de la production moyenne en acide stéarique et en bougies, par mois et par an.

Tableau de la main-d'œuvre par vingt-quatre heures dans la fabrique de MM. Jaillon, Moinier et comp.

		Par jour.	Par mois.
1° Pour la fonte des suifs..	10 ouvriers, à 4 fr. 25 c.	42 50	1,275 »
	1 contre-maître général.	» »	200 »
2° Pour la saponification, la décomposition, les lavages et moulages des acides gras.	1 contre-maître.	4 »	120 »
	4 ouvriers de jour, à 3 fr.	12 »	360 »
	4 ouvriers de nuit, à 3 fr.	12 »	360 »
3° Pour le dégraissage des sulfates acides de chaux..	1 chef ouvrier, à 3 fr. 25 c.	3 25	97 50
	3 ouvriers de jour, à 2 fr. 75 c.	8 25	247 50
	3 ouvriers de nuit, à 2 fr. 75 c.	8 25	247 50
4° Pour les presses.......	2 chefs ouvriers, à 4 fr.	8 »	240 »
	5 ouvriers de jour, à 2 fr. 90 c.	14 50	435 »
	5 ouvriers de nuit, à 2 fr. 90 c.	14 50	435 »
5° Pour le triage des acides gras.	6 ouvriers, moitié pour le jour, moitié pour la nuit, recevant en moyenne 1 fr. 40 c.	8 40	252 »
6° Pour le raffinage, la clarification, le dressage des moules, le coulage.....	1 contre-maître, à 4 fr.	4 »	120 »
	2 jeunes ouvriers-aides, à 2 fr. 50 c.	5 »	150 »
	20 ouvriers, à 1 fr. 65 c.	33 »	990 »
	2 enfants, à 90 c.	1 80	54 »
7° Pour l'étendage à l'air..	4 femmes ou jeunes filles prises à tour de rôle dans l'atelier du polissage.	» »	» »
8° Pour laver, rogner, polir et empaqueter.	1 contre-maître, à 3 fr.	3 »	90 »
	60 femmes, jeunes filles, jeunes garçons, en moyenne, à 1 fr. 25 c.	75 »	2,250 »
9° Préparation, triage, dévidage des mèches.....	2 femmes, à 1 fr. 40 c.	2 80	84 »
10° Épuration de l'acide stéarique livré en pains au commerce.	2 femmes qui raccommodent également les sacs des presses, à 1 fr. 40 c.	2 80	84 »
	4 femmes travaillant en dehors au raccommodage des sacs, en moyenne, à 1 fr. 25 c.	5 »	150 »
11° Chaudières et machines à vapeur.	2 chauffeurs de jour, à 3 fr. 65 c.	7 30	219 »
	2 chauffeurs de nuit, à 3 fr. 65 c.	7 30	219 »
12° Atelier de mécanique, forge, chaudronnerie, plomberie et charronnage.	6 ouvriers, recevant en moyenne 4 fr. 20 c.	25 20	756 »
13° Atelier de menuiserie...	2 ouvriers de nuit, à 4 fr.	8 »	240 »
	1 apprenti, à 70 c.	» 70	21 »
14° Magasin des acides oléiques.	1 tonnelier, à 3 fr.	3 »	90 »
	2 ouvriers pour filtrer, remplir les pots, à 3 fr.	6 »	180 »
15° Magasin des bougies, expédition.	1 contre-maître..	» »	125 »
	1 sous-contre-maître.	» »	120 »
	2 enfants, en moyenne à 40 fr. par mois.	» »	80 »
16° Hommes de peine pour les travaux de l'usine......	3 hommes, à 2 fr. 40 c.	7 20	216 »
17° Surveillance..........	1 surveillant, à 2 fr. 50 c.	2 50	75 »
18° Transport des bougies pour Paris, la province, et pour l'exportation...	2 voituriers, à 3 fr. 50 c.	7 »	210 »
19° Écurie.............	1 cocher, à 3 fr.	3 »	90 »
	1 garçon d'écurie, à 2 fr.	2 »	60 »
20° Un garçon de recette, à 3 fr.		3 »	90 »

Récapitulation.

De 1° à 15°, frais de main-d'œuvre par mois. . .	10,291 fr. 50 c.
De 16° à 20°, frais de transport et de recette. . . .	741 »
Total.	11,032 fr. 50 c.

Tableau de l'emploi des appareils dans la fabrique de MM. Jaillon, Moinier *et comp.*

4 grands bassins à saponification de la contenance de 10 mètres cubes, ou 10,000 kilog. { longueur. . . . . 2m,90, largeur. . . . . . 2m,15, profondeur.. . . . 1m,60.

Dans chaque bassin, on traite 2,000 kilog. de suif.

1 très-petite chaudière en fonte chargée de 15 kilog. d'acide sulfurique à 66°, et de charbon de bois en gros morceaux. Cet appareil dépense, par vingt-quatre heures, pour quatre saponifications, 3 fr. d'acide sulfurique et 1 fr. de charbon et de combustible.

3 grandes cuves à laver de la même dimension entre elles, d'une capacité de 15 mètres cubes, ou 15,000 kilog. { diamètre. 3m,85, hauteur.. 1m,25.

1 cuve pour recevoir les acides gras de la pression à chaud, d'une capacité de 2m. c.,8. . . . . { diamètre. 1m,60, hauteur.. 1m,40.

1800 mouleaux pouvant contenir, jusqu'au trop-plein, chacun 5 kilog. d'acides gras.

2 presses hydrauliques, pressant à froid, dont l'effort de la pression équivaut, théoriquement, à 450,000 kilog., et, pratiquement, à 350,000 kilog.

2 presses horizontales, pressant à chaud, dont l'effort de la pression pour chacune est, théoriquement, de 600,000 kilog. sur le plateau, et, pratiquement, environ de 450,000 kilog.

1 presse horizontale simple, pressant à chaud, dont l'effort de la pression sur le plateau équivaut à 400,000 kilog., et, pratiquement, à 320,000 kilog.

8 cuves à raffinage, dont 4 pour l'épuration à l'eau sulfurique, 4 pour la clarification, de la contenance de 1,000 kilog.

2 autres cuves pour la refonte des culots et celle des résidus, cubage, 1,000 kilog. chacune.

2 grands cylindres en tôle fortement étamée pour le refroidissement de l'acide stéarique, cubant chacun 450 kilog. { diamètre. 0m,80 hauteur.. 0m,90, et ne recevant environ que 250 kilog. d'acide stéarique pour faciliter le mouvage.

4 petits cylindres analogues aux précédents, cubant chacun 295 kilog.. diamètre.. 0m,60 hauteur. . 0m,75, et ne recevant que 100 kilog.

360 porte-moules composés chacun de 39 moules à bougies, 1 grand cylindre en tôle étamée et 2 petits de même dimension que ceux de l'atelier de coulage, destinés au mouvage de l'acide stéarique vendu en pains.

3 grandes cuves d'une capacité de 1,000 kilog. pour l'épuration et la clarification de l'acide stéarique vendu en pains.

Emploi de la vapeur. — Trois générateurs d'une force totale de 70 chevaux sont employés à chauffer les cuves dans tous les ateliers, à faire marcher les pompes destinées au transvasement et au moulage des acides gras, à mettre en jeu les cinq presses, à transporter les bougies d'un atelier dans un autre, à faire mouvoir les deux polisseuses et la machine à rogner.

La vapeur perdue et condensée s'utilise pour le chauffage des étuves à porte-moules et pour échauffer l'eau d'alimentation fournie aux générateurs.

Tableau de la vente mensuelle des bougies et de l'acide stéarique en pains, par MM. Jaillon, Moinier *et comp.*

Année	Mois	1/2 kilog.	Total
1849.	Octobre.	28,273	
	Novembre.	31,610	124,835 1/2 kilog.
	Décembre.	64,952	
1850.	Janvier.	32,762	
	Février.	19,570	
	Mars.	39,273	
	Avril.	37,242	
	Mai.	37,560	
	Juin.	33,053	
	Juillet.	45,650	612,170
	Août.	60,174	
	Septembre.	84,461	
	Octobre.	99,108	
	Novembre.	47,408	
	Décembre.	75,909	
1851.	Janvier.	88,764	
	Février.	83,132	
	Mars.	67,277	
	Avril.	60,745	
	Mai.	70,248	
	Juin.	112,979	
	Juillet.	156,729	1,370,817
	Août.	115,264	
	Septembre.	168,961	
	Octobre.	142,123	
	Novembre.	168,399	
	Décembre.	136,196	

Tableau de la vente moyenne et mensuelle des bougies et de l'acide stéarique en pains.

1849.	61,917,5	divisé par	3	mois.	20639,1 kilog.
1850.	306,085,0	—	12	»	25507,0
1851.	685,408,5	—	12	»	57117,3

Tableau de la vente mensuelle de l'acide oléique.

		kilog.	
1849.	Juillet.	1,584	14,939 kilog.
	Août.	3,749	
	Septembre.	3,799	
	Octobre.	2,000	
	Novembre.	2,605	
	Décembre.	1,202	
1850.	Janvier.	3,673	288,333
	Février.	13,157	
	Mars.	15,226	
	Avril.	16,291	
	Mai.	26,841	
	Juin.	37,724	
	Juillet.	13,143	
	Août.	20,657	
	Septembre.	38,954	
	Octobre.	28,479	
	Novembre.	54,250	
	Décembre.	19,938	
1851, 10 premiers mois.	Janvier.	26,683	467,907
	Février.	45,505	
	Mars.	33,895	
	Avril.	35,187	
	Mai.	25,826	
	Juin.	48,039	
	Juillet.	52,510	
	Août.	56,902	
	Septembre.	74,610	
	Octobre.	68,750	

Tableau de la vente moyenne et mensuelle de l'acide oléique.

1849.	14,939	divisé par	6	mois	2,489 kilog.
1850.	288,333	—	12	»	24,027
1851.	467,907	—	10	»	46,790

Tableau de la vente mensuelle des bougies d'exportation.

1849.	Novembre.	1/2 kilog.	4,560	4,560 1/2 kilog.
1850.	Mars.		3,780	63,479
	Avril.		3,200	
	Mai.		4,020	
	Juin.		1,260	
	Juillet.		1,500	
	Août.		7,840	
	Septembre.		7,560	
	Octobre.		7,510	
	Novembre.		2,000	
	Décembre.		24,809	
1851.	Janvier.		34,710	520,882
	Février.		22,286	
	Mars.		20,076	
	Avril.		32,550	
	Mai.		28,715	
	Juin.		73,776	
	Juillet.		85,744	
	Août.		47,000	
	Septembre.		51,035	
	Octobre.		21,937	
	Novembre.		63,677	
	Décembre.		39,376	

Tableau de la vente moyenne et mensuelle des bougies d'exportation.

1849.		pour	1 mois.	2,280 kilog.
1850.	31739,5	divisé par	10 »	3,173
1851.	262341	—	12 »	21,861

Tableau des quantités de matières grasses importées en France ;
Commerce spécial.

En 1846.	kilog. 7,157,481
1847.	9,410,983
1848.	8,035,871
1849.	4,573,085
1850.	4,221,033
1851. (Pendant les dix premiers mois).	970,800

Tableau d'exportation des bougies stéariques. — Commerce spécial.

En 1846..	kilog.	491,505
1847..		508,727
1848..		333,006
1849..		490,644
1850..		805,534
1851.	N'est pas publié.	

Il me reste maintenant à vous faire, en peu de mots, l'historique de cet établissement.

La fabrique des bougies de la *Villette* a été fondée en novembre 1848, par M. *Moinier*, sous la raison sociale *Jaillon*, *Moinier* et comp.; elle occupe aujourd'hui la superficie de 1 hectare de terrain. Sauf quelques annexes insignifiantes, les constructions sont telles que M. *Moinier* les avait conçues et fait exécuter en vue d'une large fabrication qui embrasse à la fois la fonte des suifs en branches, la fabrication de l'acide stéarique, des bougies stéariques et celle des savons.

La position de cette fabrique hors des barrières, à proximité du canal de la Villette et non loin des chemins de fer du Nord, de Strasbourg, nous a paru fort avantageuse. Cette position a été parfaitement comprise par M. *Moinier*, dont les moyens d'organisation dans le travail et dont la paternelle administration révèlent une entente fort juste des affaires industrielles et commerciales; ce qui le prouve, c'est qu'avec ces moyens d'action il a pu mettre en pratique cette sage maxime : Produire beaucoup avec économie afin de vendre à bon marché tout en conservant aux ouvriers un salaire suffisant pour les faire vivre sans privations.

Je manquerais d'impartialité en ce qui touche les sentiments d'humanité qui dirigent les propriétaires de cet établissement, si je n'ajoutais qu'ils ont fondé une caisse de secours pour les ouvriers malades; qu'ils prélèvent sur la caisse sociale la valeur des layettes et des médicaments que réclament les nouveau-nés et leur mère; qu'ils s'occupent de la conduite de leurs ouvriers, même en dehors de leur établissement; qu'ils accordent aux enfants, pour les récompenser de leur bonne conduite, les revenus résultant de la vente de certains résidus aux papeteries.

Toutes ces conditions d'emplacement favorable, de gestion économique, de bonne administration, de sollicitude pour les ouvriers devaient contribuer, sans aucun doute, à la prospérité de l'établissement de MM. *Jaillon, Moinier* et comp.; mais elles n'auraient jamais suffi pour lui donner le développement rapide qu'il a pris dans l'espace de deux années, si, en janvier 1850,

MM. *Moinier* et *Boutigny* n'étaient pas arrivés à un rendement en acides gras qui dépasse de 5 pour 100 les rendements généralement obtenus dans cette fabrication.

Faisons remarquer, enfin, que le concours de trois hommes habiles tels que MM. *Jaillon*, *Moinier* et *Lagrange*, unissant leurs efforts comme administrateur, comme fabricant et comme négociant, doit exercer une heureuse influence dans la fabrique de la Villette.

Bien que les inventeurs du procédé par l'acide sulfureux n'aient pas reconnu le véritable rôle de ce gaz, qu'ils avaient employé d'abord dans l'espoir d'obtenir des acides gras d'une plus grande blancheur; bien que les expériences de votre rapporteur aient fait rentrer l'action de l'acide sulfureux dans le cercle des phénomènes ordinaires de la chimie, le fait capital en dehors de toutes les considérations énoncées plus haut, découvert par MM. *Moinier* et *Boutigny*, est donc d'avoir, avec 100 parties de suif, produit 97 d'acides gras, tandis que jamais on n'en retirait plus de 92.

Ce résultat, d'une immense portée pour une industrie d'une origine toute française, par les travaux scientifiques et manufacturiers qui l'ont successivement fait éclore et grandir, aura pour effet inévitable de conduire nos fabricants à la réalisation de nouveaux bénéfices, d'abaisser le prix de vente de la bougie stéarique, et de préparer à cette matière une plus haute importance sur les marchés étrangers.

Afin d'appuyer les assertions de votre rapporteur, il me suffira de vous citer le prix de vente des bougies de la fabrique *Jaillon, Moinier* et comp., et les chiffres concernant leur exportation de bougies stéariques pendant les années 1849, 1850 et 1851.

Or MM. *Jaillon, Moinier* et comp. vendent les diverses qualités, ainsi qu'il suit, dans Paris :

	fr.	c.	
Extra, paquet de 500 grammes.	1 fr.	15	Sur les 500 grammes, on accorde 15 grammes de tolérance pour le papier ou l'étain.
1re qualité.	1	10	
2e qualité.	1	05	
3e qualité.	»	95	

Hors de Paris, chacune des qualités subit une diminution de 5 centimes par livre.

Quant à la bougie d'exportation, son prix s'établit d'après le poids que chaque paquet doit présenter.

D'autre part, nous avons pu nous convaincre, en consultant les registres de la douane, que, l'année de la pleine exploitation du procédé *Moinier* et *Boutigny*, le commerce des bougies d'exportation, qui s'élevait, en 1849, à

490,644 kilog., avait pris tout à coup un tel essor, qu'en 1850 l'exportation a presque doublé : elle est arrivée, en effet, à 805,534 kilog. Sans aucun doute, l'exportation de la Villette a contribué pour quelque chose à cette élévation. Ainsi, d'après le résumé que nous avons donné de la vente annuelle et moyenne des bougies et de l'acide stéarique en pains, de la vente annuelle et moyenne des bougies d'exportation par l'établissement de la Villette, nous trouvons que MM. *Jaillon*, *Moinier* et comp. auraient exporté, pour toute l'année 1849, 27,360 kilog.; en 1850, 31,740 kilog.; en 1851, 262,341 kilog. de bougie; et qu'ils ont vendu, en moyenne, les mêmes années, soit en France, soit à l'étranger :

En 1849,	247,670 kilog.	de bougie et	d'acide stéarique,
1850,	306,085 kilog.	d°	d°,
1851,	685,408 kilog.	d°	d°,

c'est-à-dire plus du sixième de la production totale, qui s'élève, pour Paris, à 4,000,000 kilog.

Sous un autre point de vue, ce progrès de fabrication nous a également satisfaits 1° parce qu'il confirme de la manière la plus éclatante les chiffres d'expériences si exactes et si complètes de M. *Chevreul* sur la saponification des corps gras; 2° parce qu'il change en bénéfice réel une perte de 5 pour 100 d'acides gras qui se traduit, pour l'année 1851, par un chiffre assez fort. En effet, puisque la quantité de bougies stéariques livrées au commerce par la fabrication de Paris est de 4,000,000 kilog., puisque MM. *Jaillon*, *Moinier* et comp. retirent 97 parties d'acides gras de 100 de suif de boucherie, il en résulte que la perte annuelle et totale des acides gras, par l'ancien procédé, se représente évidemment par 388,000 kilog., c'est-à-dire par une valeur d'environ 360,000 fr., qui se dirige, avec les eaux de lavages, vers les égouts et dans la Seine.

En vous citant le nom d'un chimiste aussi habile qu'érudit, je dois ajouter que M. *Chevreul* a, pour ainsi dire, tout sondé, tout prévu en ce qui concerne la fabrication des acides gras ; aussi l'industrie reconnaissante vient-elle lui rendre aujourd'hui le plus sincère hommage par l'organe de votre rapporteur, qui a pu contrôler, dans quatre expériences décisives faites chacune sur 500 kilogrammes de matière grasse, d'une part les travaux scientifiques de M. *Chevreul* (1), et d'autre part les opérations industrielles de M. *Moinier*.

(1) Nous croyons faire un rapprochement utile en apprenant au lecteur que M. *Chevreul* étudia le phénomène de la saponification en opérant sur 5 grammes de corps gras, tandis que M. *Jacquelain* fut obligé d'expérimenter sur 500 kilog., c'est-à-dire cent mille fois plus de matière. Malgré cette énorme différence dans les proportions de matière grasse employées par ces deux chimistes, leurs résultats numériques ont présenté la plus satisfaisante concordance.

Par tous les motifs que je viens de résumer, votre comité a l'honneur de vous proposer

1° De témoigner à MM. *Jaillon, Moinier* et comp. la haute approbation de la Société pour le progrès important et remarquable que leur procédé vient d'introduire dans une industrie qui leur sera redevable d'une nouvelle prééminence;

2° De faire publier, avec le présent rapport, la description et les dessins des appareils qui se rattachent à leur fabrication.

Signé JACQUELAIN, *rapporteur*.

Approuvé en séance, le 17 décembre 1851.

Explication des figures de la planche 1217.

Cette planche représente les divers appareils pour la saponification, la décomposition, le lavage, le moulage et le pressage à chaud et à froid des acides gras.

A. *Saponification.* Fig. 1. Élévation de l'appareil à gaz sulfureux. *a*, fourneau en brique avec un seul foyer, fermé par une porte à charnière *b*. *c*, cendrier. *d*, emplacement pour le charbon de terre. *e e'*, deux cornues jumelles en fonte munies d'un panache et dont le fond est hémisphérique: elles fonctionnent ensemble ou séparément. *f f*, orifices à long col pour l'introduction de l'acide sulfurique et du charbon de bois en fragments. Ces orifices sont hermétiquement fermés par un double serre-joint. *g g*, tuyaux en plomb pour conduire l'acide sulfureux dans les cuves à saponifier.

Fig. 2. Cuve contenant les matières que l'on saponifie avec le concours simultané de l'acide sulfureux et de la vapeur libre.

B. *Décomposition.* Fig. 3. Cuve renfermant le savon calcaire en petits fragments. *h*, chantepleure déversant l'eau glycérique dans le caniveau *i*. *k*, tuyau principal pour conduire la vapeur. *l l'*, tuyaux pour conduire la vapeur libre. *m*, caniveau en bois pour transvaser les acides gras dans la cuve fig. 4. Fig. 5, cassin à long manche pour verser les acides gras dans le caniveau *m*.

C. *Lavage à l'acide.* Fig. 4. Cuve en bois doublée en plomb intérieurement dans laquelle on lave à l'eau sulfurique les acides gras. *o*, conduit pour la vapeur libre. *p*, autre conduit à circulation de vapeur sèche, avec un tuyau de retour *q*. *r*, couche d'eau sulfurique. *s*, zone de matières organiques charbonnées. *t*, couche des acides gras. *u*, tuyau-siphon en cuivre terminé inférieurement par une pomme d'arrosoir soudée au disque plan *v* de même métal, et qui est destinée à empêcher le passage des matières charbonneuses. *x*, robinet à air. *y*, robinet de décharge des acides gras qui obstruent le siphon.

Fig. 6. Pompe dite *hydrobalistique*, servant à opérer le transvasement des acides gras dans la cuve fig. 7. *a'*, bâti en fonte supportant l'appareil mécanique à l'aide duquel on donne le mouvement à la pompe. *b'*, manivelle de la pompe. *c'*, bielle intermédiaire qui conduit cette manivelle. *d'*, arbre moteur sur lequel sont adaptées deux poulies *e'*, dont l'une est folle et l'autre fixe. *f' f'*, courroie qui enveloppe les poulies et produit le mouvement. *g'*, volant adapté à l'arbre moteur. *h'*, détente à fourchette pour embrayer ou débrayer à volonté.

D. *Lavage à l'eau*. Fig. 7. L'une des deux cuves en bois servant à opérer le lavage, à l'eau, des acides gras, et entièrement semblable à celle fig. 4. *o'*, conduit pour la vapeur libre. *p'*, autre conduit à articulation pour chauffer avec la vapeur sèche. *q'*, tuyau de retour de la vapeur sèche. *r'*, couche de l'eau pure. *s'*, zone des matières organiques charbonnées. *t'*, couche des acides gras. *u'*, tuyau-siphon muni de deux robinets *x'* et *y'*.

Fig. 8. Pompe de transvasement des acides gras, à tuyau-siphon *u'* avec son disque *v'* et ses robinets *x' y'*. *z*, tuyau par lequel s'élèvent les acides gras.

E. *Moulage des acides gras*. Fig. 9. Élévation, vue de face, de l'étagère ou râtelier des mouleaux.

Fig. 10. Élévation ou vue debout dudit râtelier.

A, bâti en bois relié par des traverses horizontales en fer B qui servent en même temps de supports aux mouleaux C C. D, auget en bois adapté sur toute la longueur du râtelier, et dans lequel coulent les acides gras qui y sont amenés par l'intermédiaire du tuyau E de la pompe hydrobalistique fig. 8. F F, douilles en plomb par lesquelles les acides gras s'écoulent dans les mouleaux C C. G, fausset en bois pour boucher les douilles F lorsque les mouleaux, placés au-dessous, sont entièrement pleins.

F. *Pressage à froid des acides gras*. Fig. 11. Élévation, vue de face, d'une presse hydraulique chargée de gâteaux d'acides gras H.

Fig. 12. Vue, à plat et de champ, d'un gâteau d'acide gras.

Fig. 13. *Malfil* ou sac en tissu de laine, dans lequel on place les gâteaux. I, gouttière ou caniveau en tôle pour recevoir l'acide oléique exprimé. J, entonnoirs également en tôle par lesquels s'écoule l'acide oléique exprimé. K, tuyau d'écoulement de l'acide oléique dans le réservoir L. M, Pompe hydrobalistique mue à la main au moyen du levier à contre-poids N. O, tuyau aspirant l'acide oléique pour le reporter dans une cuve à lavage qui n'est pas indiquée dans le dessin. P, tuyau refoulant l'acide oléique.

G. *Pressage à chaud des acides gras.* Fig. 14. Vue, en plan, de la presse hydraulique horizontale pour opérer à chaud, lorsqu'elle est chargée de gâteaux d'acides gras.

Fig. 15. Section verticale et longitudinale de la même presse.

Fig. 16. Vues, de face et de profil, d'une *étreindelle* ou natte en tissu de crin très-fort, munie de deux anses.

Fig. 17. Vues, de face et de champ, d'une plaque en fer avec deux crochets découpés dans la pièce.

Q, gâteaux d'acides gras placés dans les étreindelles fig. 16, et serrés entre deux plaques R fig. 17. S, tuyaux perforés pour échauffer la presse au moyen de la vapeur libre. T, tuyaux pour conduire la vapeur. U, robinet pour obtenir l'arrivée de la vapeur : on l'intercepte à volonté. V, fond de la presse : il est composé de deux plans légèrement inclinés vers le centre, afin de faciliter l'écoulement de l'acide oléique et de la vapeur non condensée. X, chantepleure par laquelle s'écoulent l'acide oléique exprimé et la vapeur dans le réservoir Y. Après le refroidissement et le repos, l'acide oléique est extrait de ce réservoir au moyen d'une pompe mue mécaniquement. Z, tringle horizontale dite de *rappel* à laquelle est reliée une chaîne Galle A' qui est entraînée par un poids très-lourd, non indiqué dans la figure. Cette disposition sert à ramener le plateau de la presse C' vers le point 1, lorsque l'opération du pressage est terminée.

B', cavité ou fosse dans laquelle se loge le contre-poids qui entraîne le plateau C' de la presse. D', tuyau par lequel arrive l'eau qui opère la pression sur le piston E'. L', sommier de la presse sur lequel agit l'effort de la pression : il est relié au cylindre M', dans lequel l'eau est foulée et comprimée au moyen de quatre tirants en fer N'. O', soupape de sûreté.

Fig. 18. Presse hydraulique ordinaire mise en mouvement par le moteur de l'établissement. F', levier de la pompe. G', bielle intermédiaire que l'on attache à volonté au moyen de la broche H'. I', manivelle coudée qui donne le mouvement à la pompe. J', poulie enveloppée par la courroie K'.

Explication des figures de la planche 1218.

Cette planche représente les divers appareils employés pour la clarification des acides gras, le moulage, l'étendage, le blanchiment, le rognage et le polissage des bougies stéariques.

H. *Clarification des acides gras.* Fig. 19. Coupe verticale d'une cuve à clarifier les acides gras. Elle est construite en bois de sapin du Nord, cerclée en fer et chauffée par la vapeur sèche.

a, tuyau en plomb pour l'arrivée de la vapeur circulant dans un serpentin *b*. *c*, tuyau pour le retour de la vapeur qui chauffe ensuite une étuve.

I. *Moulage des bougies*. Fig. 20. Vue, de face, d'un moule à bougies lorsqu'il est relevé pour permettre le passage des mèches.

Fig. 21. Le même moule vu du côté de la cuvette.

Fig. 22. Crochet à poignée en bois pour passer les mèches.

Fig. 23. Vues, de face et de champ, d'une rondelle en fer étamé servant à retenir et à centrer le pied de la mèche.

Fig. 24. Pince en fil de fer étamé pour retenir le bout de la mèche.

Fig. 25. Cassin pour puiser l'acide stéarique.

Fig. 26. Seau à bec pour verser l'acide stéarique dans les moules.

Fig. 27. Vue, de face, d'un moule rempli d'acide stéarique, et muni de poignées pour facilier le *dépotage* des bougies.

Fig. 28. Vue horizontale du même moule lorsque les poignées sont placées en sens divers pour marquer la qualité des bougies coulées.

Fig. 20. *d*, chariot en bois muni de quatre roulettes : il porte trois moules contigus *e e e*, fig. 21. *f*, rail en fer sur lequel circule le chariot, afin de faciliter le travail et le transport des moules. *g*, tourillon autour duquel pivote le moule. *i i*, anses pour abaisser ou relever le moule. *j*, crochet, fig. 22, pour passer les mèches. *k*, fig. 24, pince en fer étamé pour arrêter l'un des bouts de la mèche ; l'autre bout, terminé par un nœud, passe à travers le trou *l* de la rondelle découpée fig. 23.

J. *Transport des bougies à l'étendage*. Fig. 29. Section longitudinale et verticale du plan incliné pour monter les bougies. *m*, caisse dans laquelle on apporte les bougies. *n*, table pour placer les bougies. *o*, plan incliné ou trémie pour les recevoir. *p*, toile sans fin sur laquelle sont cousus des bâtons demi-ronds *q q* qui servent à entraîner les bougies. *r r*, rouleaux en bois destinés à soutenir la toile sans fin. *s t u*, système de rouleaux et de poulies en bois conduites par des courroies *v* qui font mouvoir la toile sans fin. *x*, plan incliné en bois sur lequel glissent les bougies qui tombent dans une caisse non indiquée dans la figure, où elles sont prises à la main pour être disposées sur les châssis.

K. *Étendage et blanchiment des bougies à l'air libre*. Fig. 30. Élévation, vue de face, d'un châssis garni de bougies.

Fig. 31. Le même châssis vu en plan.

y, bâti en bois semblable à celui d'une table. *z*, châssis inférieur garni d'un grillage en fil de plomb pour retenir les pieds des bougies ; on le voit mieux fig. 31. *a'*, châssis supérieur, muni d'un grillage en mailles plus larges que celles du grillage inférieur, au travers desquelles passent les bougies qui sont soutenues ainsi verticalement.

L. *Rognage des bougies.* Fig. 32. Vue prise du côté des engrenages de la machine à rogner.

Fig. 33. La même vue en plan.

Fig. 34. Vues de face et de profil de la scie circulaire pour rogner les bougies.

b', bâti en fonte de fer. *c'*, courroie qui imprime le mouvement à la machine. *d'*, poulie folle. *e'*, poulie fixe. *f'*, levier à fourchette pour embrayer : on le fait mouvoir en poussant ou en tirant la pédale *g'*. Ce levier est mobile autour du point fixe *h'* dans un plan horizontal. *i'*, arbre moteur qui fait fonctionner un système multiple de roues d'engrenage. *j' k' l' m' n' o' p'*, roues dentées qui engrènent ensemble et commandent la petite roue *q'*, laquelle fait mouvoir la scie circulaire *r'*. *s'*, roue d'angle montée sur l'arbre horizontal *t'*, lequel reçoit deux espèces de roues verticales et parallèles *u'* et *v'*. Les entre-deux des dents, taillés en demi-rond, accrochent et entraînent les bougies qui sont placées parallèlement sur un plan incliné. *x'*, vis de rappel pour régler l'écartement de la planchette verticale et mobile *y'*, laquelle sert à déterminer la longueur plus ou moins grande des bougies suivant qu'on l'approche plus ou moins du point *z'*. *a'' b''*, deux poulies de bois entourées d'un ruban sans fin en tissu croisé pour retenir et guider les bougies qui glissent, après avoir été rognées, sur un plan légèrement curviligne, et se rendent sur la table *c''*. *d''*, auge ou trémie en fer-blanc par laquelle s'échappent les rognures ou bouts de bougie qui tombent dans une caisse *e''*. *f''*, deux rondelles en fer-blanc disposées de champ pour guider le passage des rognures.

M. *Polissage des bougies.* Fig. 35. Élévation latérale et coupe verticale de la machine à polir les bougies.

Fig. 36. La même machine vue en plan.

A, bâti de la machine formant une espèce de croix et relié par des entretoises B. C, courroie à l'aide de laquelle on donne le mouvement à la machine par l'intermédiaire de la poulie fixe D. E, poulie folle. F, levier d'embrayage. G, arbre moteur portant deux volants H H, lesquels font en même temps l'office de manivelles. I I, deux tiges articulées ou bielles qui sont reliées chacune, à l'aide de tourillons, tant aux volants qu'au *frottoir* en bois J, lequel a la forme d'un demi-cylindre. Ce frottoir est recouvert de plusieurs doubles de drap et de flanelle attachés avec des cordons. K L, deux roues dentées engrenant à angle droit et recevant le mouvement au moyen de la courroie C, et le transmettant simultanément aux deux bielles I I, qui font mouvoir le frottoir et à la poulie à frottement M. N, courroie qui enveloppe les deux poulies M M'. Cette dernière est montée sur un arbre horizontal O, portant un pignon P qui engrène avec une grande roue dentée Q. L'arbre horizontal O porte deux petites roues à dents carrées 1, 1, qui font mouvoir chacune une espèce de chaîne Galle sans fin 2; elles sont reliées entre elles par des tringles en fil de fer rond, entre lesquelles sont placées les bougies 3.

Au-dessous de la chaîne sans fin, fig. 37, est disposée fixement une tablette 4, revêtue d'une flanelle, sur laquelle roulent les bougies, lorsqu'elles sont entraînées par le mouvement de la chaîne sans fin 2. 5, plan incliné sur lequel on place parallèlement les bougies qui sont entraînées par la chaîne Galle 2.

Les bougies, après avoir reçu l'action répétée du frottoir, sont déposées, à l'autre bout de l'appareil, sur une table 6, où elles sont prises à la main.

7, règle à T posée de champ et retenue fixement, au-dessus de la chaîne sans fin 2, à l'aide de deux plates-bandes à coulisses 8, 8; celles-ci sont mobiles au moyen des rainures 9, mais fixées au point voulu par les écrous à oreilles 10.

Cette règle à T sert à guider le passage des bougies sous le frottoir; on l'écarte ou on la rapproche à volonté, suivant la grandeur des bougies, et dans ces deux cas on règle également la longueur des bielles I I à l'aide des boulons à écrous 11.

12, autre réglette contre laquelle viennent buter les bouts des bougies.

13, espèces de coussinets ayant la forme conique : ils sont faits en flanelle et reçoivent les bouts des bougies qu'ils entraînent forcément.

Paris. — Imprimerie de Mme Ve Bouchard-Huzard, rue de l'Éperon, 5.

www.ingramcontent.com/pod-product-compliance
Ingram Content Group UK Ltd.
Pitfield, Milton Keynes, MK11 3LW, UK
UKHW021159230726
13926UKWH00001B/183